BEI GRIN MACHT SICH IHR WISSEN BEZAHLT

- Wir veröffentlichen Ihre Hausarbeit,
  Bachelor- und Masterarbeit

- Ihr eigenes eBook und Buch -
  weltweit in allen wichtigen Shops

- Verdienen Sie an jedem Verkauf

Jetzt bei www.GRIN.com hochladen und kostenlos publizieren

Yathavan Satgunarajah

Aus der Reihe: e-fellows.net stipendiaten-wissen

e-fellows.net (Hrsg.)

Band 617

Alzheimer - Therapiemöglichkeiten mit Zukunft

GRIN Verlag

Bibliografische Information der Deutschen Nationalbibliothek:

Die Deutsche Bibliothek verzeichnet diese Publikation in der Deutschen National-
bibliografie; detaillierte bibliografische Daten sind im Internet über http://dnb.d-
nb.de/ abrufbar.

Impressum:

Copyright © 2012 GRIN Verlag GmbH
Druck und Bindung: Books on Demand GmbH, Norderstedt Germany
ISBN: 978-3-656-34364-6

Dieses Buch bei GRIN:

http://www.grin.com/de/e-book/207209/alzheimer-therapiemoeglichkeiten-mit-
zukunft

Facharbeit

im Leistungskurs-Biologie

Alzheimer

Therapiemöglichkeiten mit Zukunft

Verfasser: Yathavan Satgunarajah

Abgabetermin: 15. April 2011

Inhaltsverzeichnis

Vorwort

Alzheimer ist ein sehr aktuelles Thema mit sehr vielen Forschungsperspektiven. Daher will ich mir mit der Erstellung der Facharbeit ein Bild über den aktuellen Stand der Medizin auf diesem Gebiet machen. Man hört und liest viel über Menschen, die ihr Gedächtnis verlieren, vor allem im späten Alter, aber es kann einen auch im frühen Alter treffen. Als nicht betroffene Person ist es sehr schwierig bis unmöglich sich in die Situation dieser Menschen zu versetzen und sie zu verstehen. Man kann davon ausgehen, dass die medizinischen Möglichkeiten noch immer sehr eingeschränkt sind und es kaum Therapiemöglichkeiten gibt, da die Alzheimer-Krankheit offiziell immer noch als unheilbar definiert ist. Daher habe ich den Schwerpunkt auf die Behandlungsmöglichkeiten der Krankheit gelegt. Das Finden geeigneter Fachliteratur erwies sich jedoch als äußerst problematisch, da die meisten Informationen im Internet zu finden waren und keinem Autor zugeordnet werden konnten.

1. Einleitung

Die Alzheimer-Krankheit beschreibt eine bis jetzt noch ungeklärte degenerative[1] Erkrankung des Gehirns. Sie führt zu Gedächtnisstörungen und zu Beeinträchtigung des Verhaltens der betroffenen Person. Die Alzheimer-Krankheit ist die häufigste Form der Demenz und wurde nach ihrem Entdecker Alois Alzheimer benannt, welcher diese 1906 als eine „eigenartige Krankheit der Hirnrinde" beschrieb. Demenzerkrankungen dieser Art haben oft eine Abnahme der geistigen Leistungsfähigkeit sowie eine Veränderung der Persönlichkeit zur Folge.

Gegenwärtig leiden in Deutschland ca. 1,2 Millionen Menschen[2] an Demenz, von denen zwei Drittel von Alzheimer betroffen sind.

---

[1] Degeneration = Entartung oder Rückbildung an Zellen / Geweben / Organen eines Individuums
[2] Vgl. Dr. Horst Bickel: Das Wichtigste 1 – Die Epidemiologie der Demenz

3

2. Entstehung der Krankheit

2.1. Ursachen[3]

Die Entstehung der Alzheimer-Krankheit hängt mit der Verarbeitung des Eiweißbestandteils der Nervenzellhüllen zusammen. Normalerweise schneidet das Enzym α-Sekretase den Eiweißbestandteil in lösliche Fragmente, die abtransportiert werden können. Es gibt jedoch noch die beiden Enzyme β- und γ-Sekretase, die einen Teil des herausgeschnittenen Eiweißbestandteils spalten, bevor dieser abtransportiert wird. Dabei entstehen unlösliche Bruchstücke, die schädlich für die Nervenzellen sind, da sie zu größeren Ablagerungen verklumpen, die als β-Amyloid-Fragmente bezeichnet werden.

Bei älteren Menschen (älter als 60 Jahre), die gesund sind, werden diese β-Amyloid-Fragmente genauso schnell entfernt, wie sie produziert werden, wodurch die Anzahl der Ablagerungen sehr gering bleibt. Bei jüngeren Menschen (jünger als 60) mit bestimmten genetischen Defekten (s. 2.2.) entsteht eine Überproduktion der β-Amyloid-Fragmente, die sich außerhalb der Nervenzellen als sogenannte Plaques ablagern. Bei Krankheitsfällen, die nach dem 60. Lebensjahr auftreten und keine erblichen Hintergründe haben, liegt die Ursache im Abtransport der β-Amyloid-Fragmente, welcher nicht schnell genug erfolgt. Das hat auch zur Folge, dass Plaques entstehen.

Diese Plaques wirken wie Giftstoffe auf die Nervenzellen und Synapsen und stören die Übertragung zwischen den Neuronen. Ein Grund für die Störung der Übertragungen zwischen den Neuronen ist die verminderte bzw. erhöhte Produktion bestimmter Neurotransmitter[4]. Die Kontaktstelle zwischen Neuronen heißt Synapse. Die Neurotransmitter diffundieren hier von der Membran der „sendenden" Nervenzelle (präsynaptische Membran) zur Membran der „empfangenden" Nervenzelle (postsynaptische Membran) und bindet dort nach dem „Schlüssel-Schloss-Prinzip" an Rezeptoren, wodurch der Informationsfluss gewährleistet wird.[5]

---

[3] Vgl. Kurz, Alexander: Das Wichtigste über die Alzheimer-Krankheit und andere Demenzformen
[4] Neurotransmitter übertragen Informationen von einer Nervenzelle zur anderen
[5] Vgl. Dr. Wolfgang Lathe: Nervensystem und Sinnesorgane, S.21ff

Die in Bezug auf Alzheimer bekanntesten Neurotransmitter sind Glutamat und Acetylcholin. Acetylcholin wird bei Alzheimer-Erkrankten vermindert produziert, was zur Folge hat, dass das Gedächtnis gestört wird. Glutamat dagegen wird überproduziert, was zur Folge hat, dass die Nervenzellen überlastet werden, funktionsunfähig werden und absterben.

Abbildung 1 - CT-Aufnahme eines Gehirns einer Person mit Alzheimer und einer Person ohne Alzheimer

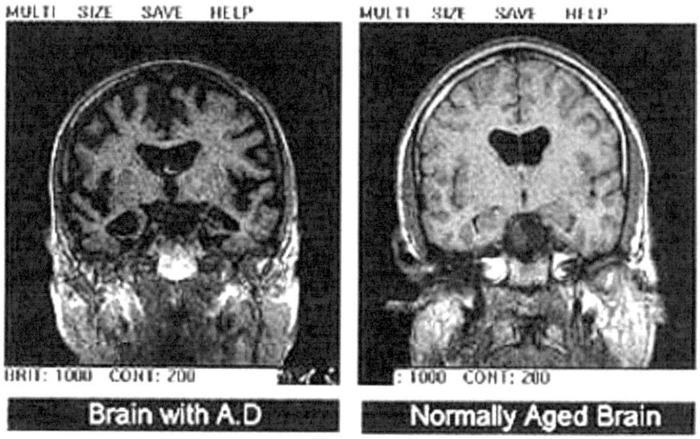

Quelle: http://static.startblatt.at/files/blogentry/image/10000/resize400/Alzheimer_MRI.jpg [04.03.11, 22 Uhr]

2.2. Genetik der Alzheimer-Krankheit

Die genetischen Hintergründe der Alzheimer-Krankheit sind trotz zahlreicher Studien bis jetzt immer noch nicht ganz geklärt. Jedoch konnte man bereits bei ca. 5-10% aller Fälle eine autosomal-dominante Vererbung feststellen. Diese führt auf die Mutation bestimmter Gene zurück. Derzeit sind 3 solcher Gene bekannt. Diese sind das Präsenilin-1-Gen auf dem 14.Chromosom, das Präsenilin-2-Gen auf dem 1.Chromosom und das APP-Gen auf dem 21.Chromosom. Bei den restlichen 90 % handelt es sich um eine sporadische[6] Erkrankung, wobei das Risiko zu erkranken bei Personen mit Verwandten ersten Grades, die an Alzheimer leiden, höher zu sein scheint.

---

[6] sporadisch = vereinzelt

Außerdem wurde ein deutlich erkennbarer Zusammenhang zwischen der Alzheimer-Demenz und dem Down-Syndrom[7] festgestellt. „In Alzheimer-Familien gibt es mehr Fälle des Down-Syndroms und umgekehrt als in der Normalbevölkerung. Die bemerkenswerteste Gemeinsamkeit der beiden Erkrankungen ist die abnormale Ablagerung von β -Amyloid im Gehirn"[8]. Diese Erkenntnis bestätigt den Verdacht, dass es bei Alzheimer auch einen Defekt auf dem 21. Chromosom gibt.

2.3. Risikofaktoren

Neben den genetischen Gründen gibt es noch einige andere Risikofaktoren, von denen vermutet wird, dass sie zur Entstehung der Alzheimer-Krankheit beitragen. Der größte Risikofaktor ist wohl das Alter, wie viele Studien zeigen. Dazu beschreibt Prof. Dr. Ulrich Müller beispielsweise, dass „die Wahrscheinlichkeit zu erkranken unter Berücksichtigung mehrerer Studien für 65-74-jährige Personen etwa 1,7%, für 75-84-jährige etwa 11% und für Personen über 84 Jahre etwa 30%"[9] beträgt.

Weitere Faktoren von denen vermutet wird, dass sie zur Entstehung von Alzheimer beitragen, aber noch nicht bewiesen sind, sind zum Beispiel Nikotin, Alkohol, Bluthochdruck, Übergewicht, Diabetes mellitus Typ 2 und Schilddrüsenunterfunktion.

---

[7] Mutation am 21. Chromosom (Trisomie 21)
[8] Hampel, Padberg, Möller (Hrsg.): Alzheimer-Demenz, S. 38
[9] Prof. Dr. Ulrich Müller: Das Wichtigste 4 – Die Genetik der Alzheimer-Krankheit

3. Verlauf der Krankheit[10]

Das Auftreten der Symptome der Alzheimer-Krankheit lässt sich grob in 3 Stadien einteilen. Man muss diesbezüglich aber festhalten, dass Symptome von Patient zu Patient anders sein können. Außerdem hängen diese stark von der Verfassung der Betroffenen ab.

3.1.   1. Stadium (leichte Demenz)

In dem ersten Stadium der Alzheimer-Krankheit, der so genannten leichten Demenz, machen sich erste Einschränkungen im Kurzzeitgedächtnis bemerkbar. Die Betroffenen können sich oft nicht mehr daran erinnern, was sie vor kurzem gelesen oder gesehen haben, aber können sich noch sehr gut an Ereignisse aus ihrer Vergangenheit erinnern. In der Regel sind die Patienten aber in der Lage, alle alltäglichen Aufgaben ohne fremde Hilfe zu erledigen. Daher müssen diese auch immer über die weitere Vorgehensweise bezüglich ihrer Demenzerkrankung befragt werden. Häufig ist es auch so, dass die Patienten das Nachlassen ihrer geistigen Leistungsfähigkeit wahrnehmen, aber diese aus Scham versuchen zu verstecken oder gar als natürliche Folge des Alterns ansehen. Weitere Merkmale der leichten Demenz sind starke Stimmungsschwankungen.

3.2.   2. Stadium (mittlere Demenz)

Im zweiten Stadium, der so genannten mittleren Demenz, verstärken sich die Symptome der leichten Demenz. Es wird immer schwieriger für die Betroffenen einfache Arbeiten des Alltags zu erledigen. Sie brauchen zum Beispiel immer mehr Hilfe bei Sachen wie Einkaufen, Kochen und Bedienung verschiedener Geräte. Auch der Verlust der Orientierung und des Zeitgefühls sind typische Merkmale dieses Stadiums. Außerdem ist das Gedächtnis soweit beeinträchtigt, dass die Patienten zum Beispiel ihre aktuelle Adresse nicht mehr kennen und oft sogar ihre eigenen Verwandten nicht mehr erkennen. „Es kann vorkommen, dass sich Patienten wie im besten Erwachsenenalter fühlen, ihre längst verstorbenen Eltern suchen und zur Arbeit gehen wollen."[11] Darüberhinaus sind Wahnvorstellungen, bei denen sich die Patienten bestohlen oder betrogen

---

[10] Vgl. Hampel, Padberg, Möller (Hrsg.): Alzheimer-Demenz, S.82-87
[11] Kurz, Alexander: Das Wichtigste über die Alzheimer-Krankheit und andere Demenzformen, S.12

fühlen, nicht unüblich. Insgesamt lässt sich sagen, dass die Defizite bei den Betroffenen so groß sind, dass diese nicht mehr alleine leben können.

3.3. 3. Stadium (schwere Demenz)

Im dritten und letzten Stadium, der so genannten schweren Demenz, sind die betroffenen Personen völlig pflegebedürftig. Die sprachliche Fähigkeit, die bereits in den beiden vorherigen Stadien leicht abgenommen hat, begrenzt sich auf ein dutzend Wörter bzw. geht vollständig verloren. Ähnlich ist es bei der Fortbewegung. Zu Beginn sind die Patienten noch selbst in der Lage zu gehen, aber mit der Zeit sind sie auch hierbei auf Hilfe angewiesen. In diesem Stadium sind die Betroffenen außerdem nicht mehr in der Lage eigenständig die Toilette aufzusuchen und entwickeln daher eine zunehmende Inkontinenz.[12]

4. Therapeutische Ansätze

4.1. Medikamentöse Therapie

Nach dem aktuellen Stand der Medizin, ist man in der Lage die Alzheimer-Demenz zu behandeln. Es ist zwar noch nicht möglich, die Krankheit komplett zu heilen, aber man ist im Stande das Fortschreiten der Krankheit zu verlangsamen. Zum einen geht es bei der medikamentösen Therapie darum, die geistige Leistungsfähigkeit zu verbessern bzw. zu stabilisieren, aber auch die Verhaltensänderung, wie zum Beispiel plötzliche Stimmungsschwankungen, zu beeinflussen. Die Vergabe von Medikamenten darf erst nach einer ausführlichen Untersuchung und Feststellung aller Symptome erfolgen. Da die Alzheimer-Krankheit bei jeder Person anders verläuft und nicht alle Medikamente gleich wirken, muss der Arzt den Patienten regelmäßig untersuchen und überprüfen, ob die Dosierung in Ordnung ist oder ob der Patient nicht andere Medikamente verschrieben bekommen sollte.

---

[12] Inkontinenz = Verlust der Kontrolle über Blase und Darm

4.1.1. Kognitive Störungen

Unter kognitiven Störungen versteht man eine Abnahme der geistigen Leistungsfähigkeit. Die bei Alzheimer kennzeichnendste kognitive Störung ist die Verschlechterung des Gedächtnisses. Diese Verschlechterung ist auf Defizite im Neurotransmittersystem zurückzuführen (s. 2.1. Ursache). Die zwei wichtigsten Neurotransmitter im Gehirn sind Acetylcholin und Glutamat. Bei Alzheimer-Patienten ist ein deutlicher Mangel an Acetylcholin und ein deutlicher Überschuss an Glutamat vorhanden, was ein Absterben von Nervenzellen zur Folge hat. Zur Behandlung solcher Störungen werden sogenannte Antidementiva verwendet, die die Gedächtnisstörungen positiv beeinflussen. Die dabei eingesetzten Medikamente lassen sich in zwei Wirkgruppen unterteilen: Acetylcholinesterase-Hemmer und Glutamat-Modulatoren.

4.1.1.1. Acetylcholinesterase-Hemmer[13]

Acetylcholinesterase-Hemmer sind Inhibitoren, die den enzymatischen Abbau vom Neurotransmitter Acetylcholin durch Acetylcholinesterase verhindern. Dadurch wird die Verfügbarkeit des Botenstoffes am postsynaptischen Rezeptor erhöht. Bei den Betroffenen Personen hat die Anwendung solcher Hemmstoffe zur Folge, dass sich die geistige Leistungsfähigkeit deutlich verbessert. In Deutschland sind derzeit drei verschiedene Acetylcholinesterase-Hemmer zugelassen: Donepezil (Handelsname: Aricept), Galantamin (Handelsname: Reminyl) und Rivastigmin (Exelon). Die durchschnittliche Dauer, bis die Medikamente ihre Wirksamkeit verlieren, beträgt ca. ein Jahr. Dennoch wird empfohlen, die Behandlung solange fortzusetzen, bis ein Nachlassen der Wirksamkeit festzustellen ist. Voraussetzung für eine erfolgreiche Behandlung mit Acetylcholinesterase-Hemmer ist, dass das Medikament schon während der leichten Demenz, spätestens während der mittleren Demenz eingesetzt wird, da die Kommunikation zwischen den Neuronen nur dann verbessert werden kann, wenn noch genügend funktionsfähige Neuronen vorhanden sind. Allerdings besitzen auch diese Medikamente, wie alle anderen auch, einige Nebenwirkungen, die aber im Vergleich zu den Therapievorteilen sehr gering sind. Die typischen

---

[13] Vgl. Haupt, Martin: Der Verlauf der Alzheimer Krankheit, S.26f

Nebenwirkungen sind Appetitlosigkeit, Übelkeit, Erbrechen, Durchfall, Schwindel und Kopfschmerzen.[14]

4.1.1.2. Glutamat-Modulatoren[15]

Anders wirken Glutamat-Modulatoren, die ebenfalls Einfluss auf das Neurotransmittersystem nehmen. Solche Modulatoren sind zum Beispiel Memantine (Handelsname: Axura, früher: Akatinol Memantine). Sie wirken am NMDA-Rezeptor[16] an den Synapsen als nicht-kompetitiver Inhibitor und regulieren so den Überschuss an Glutamat und verhindern ein erhöhtes Absterben der Neuronen durch Überlastung. Memantin ist der erste Wirkstoff, der in der EU zur Behandlung von mittlerer bis schwerer Demenz zugelassen wurde. Auch durch Glutamat-Modulatoren lassen sich bei den Alzheimer-Patienten Verbesserungen in der geistigen Leistungsfähigkeit feststellen. Außerdem konnten bei vielen Patienten auch Verbesserungen in der Alltagskompetenz und eine Verminderung der Pflegebedürftigkeit festgestellt werden. Die durchschnittliche Dauer der Wirksamkeit beträgt ca. sechs Monate. Die typischen Nebenwirkungen sind Schwindel, Kopfschmerzen, erhöhter Blutdruck und Schläfrigkeit.[17]

4.1.2. Nichtkognitive Störungen

Medikamente werden aber nicht nur zur Verbesserung der geistigen Leistungsfähigkeit angewendet, sondern auch zur Behandlung von Verhaltensstörungen, die bei der Alzheimer-Demenz auftreten. Zu solchen nichtkognitiven Störungen „zählen Depression, Unruhe, Aggressivität, wirklichkeitsferne Überzeugungen, Sinnestäuschungen und Schlafstörungen"[18]. Vor einer medikamentösen Behandlung sollte immer erst eine nicht-medikamentöse Behandlung vorgezogen werden. Erst bei einer starken Ausprägung der nichtkognitiven Störungen sollte es zum Einsatz von Medikamenten kommen. Zur Behandlung werden verschiedene Substanzgruppen verwendet, die solche Störungen reduzieren sollen.

---

[14] Vgl. Kurz, Alexander; Grimmer, Timo: Die medikamentöse Behandlung der Demenz
[15] Vgl. Hampel; Padberg; Möller (Hrsg.): Alzheimer Demenz, S. 365f
[16] Bindungsstelle für Glutamat an der Nervenzelle (N-Methyl-D-Aspartat-Rezeptor)
[17] Vgl. Kurz, Alexander; Grimmer, Timo: Die medikamentöse Behandlung der Demenz
[18] Kurz, Alexander; Grimmer, Timo: Die medikamentöse Behandlung der Demenz, S.2

4.1.2.1. Neuroleptika

Neuroleptika, auch bekannt unter dem Namen Antipsychotika, werden zur Behandlung von Unruhe, Aggressivität, wirklichkeitsferne Überzeugungen, Sinnestäuschungen und Schlafstörungen verwendet. In Deutschland ist zur Behandlung in Kombination mit Alzheimer-Demenz nur der Wirkstoff Risperidon (Handelsname: Risperdal) zugelassen. Dieser blockiert die Rezeptoren an der Nervenzelle, an denen der Neurotransmitter Dopamin anbindet und verringert dadurch die Anzahl der „Erregungen" an den Nervenzellen. Dies hat auf die Patienten eine beruhigende Wirkung, welche vor allem bei erhöhter Aggressivität zu erkennen ist. Typische Nebenwirkungen, die festgestellt wurden sind Schläfrigkeit, Harnwegsinfekte, Inkontinenz und eine leichte Verschlechterung der geistigen Leistungsfähigkeit.[19] Außerdem haben mehrere Studien ergeben, dass Neuroleptika bei älteren Patienten zu einer erhöhten Sterblichkeit und zu einem höheren Schlaganfallrisiko führen.[20] Daher dürfen solche Patienten Neuroleptika nur in sehr geringer Dosierung und unter starker, regelmäßiger Kontrolle durch den Arzt bekommen.[21]

4.1.2.2. Antidepressiva

Antidepressiva werden eingesetzt, um Depressionen, Angstzustände und auch Schlafstörungen zu behandeln. Sie blockieren die Enzyme, die die Neurotransmitter Serotonin und Noradrenalin abbauen. Dies hat zur Folge, dass die Konzentration dieser Botenstoffe im Gehirn zunimmt und es zu mehr Bindungen an den jeweiligen Rezeptoren der Neuronen kommt. Dadurch entsteht bei den Betroffenen eine positivere Stimmung. Von Ärzten wird dabei empfohlen, auf die neueren Wirkstoffe (z.B. Citalopram (Handelsname: Cipramil)) zuzugreifen, da die alten („trizyklischen"[22]) Antidepressiva dem Acetylcholin entgegenwirken.[23] Außerdem wurden bei den älteren Wirkstoffen stärkere und für die Patienten belastendere Nebenwirkungen festgestellt. Die Nebenwirkungen der neueren Wirkstoffe beschränken sich auf Übelkeit, Mundtrockenheit, Magen-Darm-Beschwerden, Nervosität und Kopfschmerzen.[24]

---

[19] Vgl. Kurz, Alexander; Grimmer, Timo: Die medikamentöse Behandlung der Demenz, S.2
[20] Vgl. Hampel; Padberg; Möller (Hrsg.): Alzheimer Demenz, S. 381
[21] Vgl. Haupt, Martin: Der Verlauf der Alzheimer Krankheit, S. 29f
[22] Bezeichnung aufgrund der chemischen Struktur
[23] Vgl. Kurz, Alexander: Das Wichtigste über die Alzheimer-Krankheit und andere Demenzformen, S.23
[24] Vgl. Kurz, Alexander; Grimmer, Timo: Die medikamentöse Behandlung der Demenz, S.3

4.2. Nichtmedikamentöse Therapie

Die nichtmedikamentöse Behandlung ist neben der medikamentösen Behandlung ein sehr wichtiger Bereich. Erst eine individuelle Behandlung aus Medikamenten und verschiedenen Therapien ist eine erfolgreiche Behandlung für einen Alzheimer Patienten. In den ersten Jahren der Demenz fühlen sich die Betroffenen sehr unsicher und verlieren immer mehr an Selbstwertgefühl, da sie sich über ihre Situation bewusst werden. Um den Patienten Erfolgserlebnisse zu verschaffen und sie geistig und körperlich zu „aktivieren" wurden verschiedene kognitive Verfahren entwickelt. Der Schwerpunkt bei den Verfahren liegt darin, das Selbstbewusstsein der Betroffenen zu stärken und ihre Fähigkeiten zu verbessern. Mit kognitiven Verfahren sind Verfahren gemeint, die mit einfachen therapeutischen Methoden versuchen, das Verhalten der Patienten positiv zu verändern. Es geht dabei darum, die geistige Leistungsfähigkeit zu verbessern und die Selbstständigkeit der Patienten zu stärken. Seit Mitte der 1960er-Jahre sind verschiedene Verfahren entwickelt worden, die bei der Alzheimer-Krankheit eingesetzt werden können.[25]

4.2.1. Kognitives Training

Bei dem kognitiven Training geht es darum, die Konzentration zu stärken und das Gedächtnis zu trainieren. Dabei werden Zahlen, Fakten und Details aus Geschichten wiederholt.[26] Gerne wird auch das Lernen in Gruppen mit alltagsnahen Aktivitäten gewählt, da man sich dabei den meisten Erfolg verspricht. Man sollte dieses Training aber nur bei sehr leichter Demenz anwenden, da die Patienten mit stärkerer Demenz oft mit den Übungen überfordert sind, wodurch sich ihre Situation sogar verschlechtern kann.[27]

---

[25] Vgl. Haupt, Martin: Der Verlauf der Alzheimer Krankheit, S.31
[26] Vgl. Hampel; Padberg; Möller (Hrsg.): Alzheimer Demenz, S. 394
[27] Vgl. Gutzmann, Hans: Die nichtmedikamentöse Behandlung der Alzheimer-Krankheit

4.2.2. Realitäts-Orientierungs-Training (ROT)

Ein etwas anderes Verfahren, welches auch bei Demenz-Patienten höheren Grades angewendet wird, ist das Realitäts-Orientierungs-Training (ROT). Beim ROT unterscheidet man zwei verschiedene Modelle: das informellen ROT ("24-Stunden"-ROT) und das formellen ROT ("classroom"-ROT). "Das informelle ROT besteht aus einer systematischen Gestaltung der Umgebung des Kranken"[28], um dem Kranken einen kontinuierlichen Informationsfluss anzubieten. Dazu werden beispielsweise einfache Orientierungspunkte und Wegweiser verwendet, aber auch ein strukturgebendes Verhalten der Bezugsperson ist wichtig. Im formellen ROT dagegen werden in regelmäßigen Gruppensitzungen der Alzheimerpatienten Informationen wiederholt, die wichtig für den Alltag sind. Dabei sind Informationen bezüglich Zeit, Ort, Personen und dem Tagesablauf besonders wichtig. "Die Wirksamkeit des ROT ist in mehreren Studien belegt worden."[29] Laut diesen Studien führt das ROT zu einer Zunahme des Orientierungswissens der Patienten und zur Verbesserung der sozialen Interaktion und der Kommunikation.[30]

4.2.3. Selbsterhaltungs-Therapie

Die Selbsterhaltungs-Therapie (SET) ist die direkteste aller nichtmedikamentösen Therapiemöglichkeiten, da sie versucht, die Persönlichkeit der Alzheimerpatienten zu erhalten. Es handelt sich hierbei um eine Mischung aus Erinnerungstherapie und Validation (s. 4.2.4.), da der Alzheimerkranke zum einen durch "mithilfe der Familie vorbereitete gedächtnisstützende und reaktivierende Medien"[31] Informationen bezüglich seiner Identität behalten soll, zum andern aber auch nicht direkt mit seinen Grenzen der Leistungseinschränkungen konfrontiert werden soll. Diese Therapie soll dem Alzheimerpatienten das Gefühl der Identität und der personalen Kontinuität erhalten.[32]

---

[28] Hampel; Padberg; Möller (Hrsg.): Alzheimer Demenz, S. 395
[29] Hampel; Padberg; Möller (Hrsg.): Alzheimer Demenz, S. 395
[30] Vgl. Hampel; Padberg; Möller (Hrsg.): Alzheimer Demenz, S. 395
[31] Hampel; Padberg; Möller (Hrsg.): Alzheimer Demenz, S. 395
[32] Vgl. Gutzmann, Hans: Die nichtmedikamentöse Behandlung der Alzheimer-Krankheit

4.2.4. Validations-Therapie

Bei der Validations-Therapie versucht man den Alzheimer-Patienten nicht mit seinen durch die Krankheit entstandenen Grenzen zu konfrontieren, sondern ihn so wie er ist wieder in die Gesellschaft einzugliedern. „Die verwendeten Techniken bestehen in der nonverbalen Kommunikation sowie dem Einsatz von Musik und Lebenserinnerungen."[33] Insgesamt geht es bei dieser Therapie darum, die Kommunikation zwischen dem Patienten und den Bezugspersonen zu verbessern, indem die Bezugspersonen lernen, wie sich die Patienten in verschiedenen Situationen ausdrücken.

Schluss

Erst nachdem man sich intensiv mit der Problematik der Alzheimer-Krankheit auseinandergesetzt hat, wird deutlich, welche schwerwiegenden Probleme dadurch für die Patienten entstehen. Es gibt jedoch mehr Behandlungsmöglichkeiten für Alzheimer, als ich vermutet habe. Zwar sind nur wenige Medikamente zur Behandlung zugelassen, da die genauen Ursachen noch ungeklärt sind, aber es gibt sehr viele nicht medikamentöse Therapiemöglichkeiten, die ebenfalls erfolgversprechend sind, wie in mehreren Studien gezeigt wurde. Durch einen genau abgestimmten Behandlungsplan des Arztes, der sowohl eine medikamentöse als auch eine nicht medikamentöse Behandlung beinhaltet, kann bereits jetzt die völlige Pflegebedürftigkeit stark hinausgezögert werden. Aktiv an der Behandlung eines Patienten beteiligt, sind Familienmitglieder, Ärzte und Bezugspersonen des Patienten. Ziele für die Zukunft werden sicherlich sein, die genauen Abläufe im Gehirn der Alzheimer-Patienten zu klären und die medikamentöse Behandlung soweit zu entwickeln, dass bald schon die komplette Heilung der Alzheimer-Krankheit möglich ist.

---

[33] Haupt, Martin: Der Verlauf der Alzheimer Krankheit, S.34

Literaturverzeichnis

Arendt, Thomas: Die neurobiologischen Grundlagen der Alzheimer-Krankheit, 08/99, http://www.deutsche-alzheimer.de/fileadmin/alz/pdf/factsheets/FactSheet02   .pdf [05.03.2011]

Bickel, Horst: Die Epidemiologie der Demenz, 08/2010, http://www.deutsche-alzheimer.de/fileadmin/alz/pdf/factsheets/FactSheet01_10.pdf [05.03.2011]

Einecke, Dirk: Therapie-Fortschritt bei der Alzheimer-Demenz, München 1997, in: Münchener medizinische Wochenschrift; 139, 49, Beil.

Gutzmann, Hans: Die nichtmedikamentöse Behandlung der Alzheimer-Krankheit, 06/00, http://www.deutsche-alzheimer.de/fileadmin/alz/pdf/factsheets/   FactSheet06.pdf [05.03.2011]

Hampel, Harald; Padberg, Frank; Möller, Hans-Jürgen (Hrsg.): Alzheimer-Demenz: Klinische Verläufe, diagnostische Möglichkeiten, moderne Therapiestrategien, Stuttgart 2003

Hartung, Heinz-Dieter: Fortschritte in der Therapie der Alzheimer-Demenz, München 1997, in: Fortschritte der Medizin 115, Jg.(1997), Nr. 20-21, Kongress Report 107

Haupt, Martin: Der Verlauf der Alzheimer Krankheit: Ergebnisse einer prospektiven Untersuchung, Paderborn; München; Wien; Zürich: Schöningh, 2001, in: Monographien zur Klinischen Psychologie, Psychiatrie und Psychotherapie, hrsg. von B. Borgerts, K. Heinrich, H. Lang, H. Lauter und F. Petermann, Bd. 2

Haupt, Martin: Die Diagnose der Alzheimer-Krankheit, 08/99, http://www.deutsche-alzheimer.de/fileadmin/alz/pdf/factsheets/FactSheet03.pdf [05.03.2011]

Kurz, Alexander: Das Wichtigste über die Alzheimer-Krankheit und andere Demenzformen, 19. Aktualisierte Auflage, http://www.deutsche-alzheimer.de/fileadmin/alz/Broschueren/das_wichtigste_2010_11.pdf [05.03.2011]

Kurz, Alexander; Grimmer, Timo: Die medikamentöse Behandlung der Demenz, 08/10, http://www.deutsche-alzheimer.de/fileadmin/alz/pdf/factsheets/FactSheet   05_10.pdf [05.03.2011]

Lathe, Wolfgang: Nervensystem und Sinnesorgane (Grundwissen und Prüfungsvorbereitung), Mannheim 2005

Müller, Ulrich: Die Genetik der Alzheimer-Krankheit, 08/99, http://www.deutsche-alzheimer.de/fileadmin/alz/pdf/factsheets/FactSheet04.pdf [05.03.2011]

Anhang

Schema zu Behandlung der AD mit Antidementiva

Insgesamt gilt für die Behandlung der AD mit Antidementiva, dass die einzelnen Substanzen bei Verträglichkeit jeweils ausreichend lange (mind. 6 Monate) gegeben werden, damit eine Beurteilung des therapeutischen Effektes möglich ist.

Die Therapieziele lassen sich hierbei abgestuft formulieren:

1. Verbesserung der klinischen Symptomatik
2. Stabilisierung auf dem Niveau vor Behandlungsbeginn
3. Verlangsamung der Progression

Die anschließende Therapiekontrolle sollte auf mehreren Ebenen erfolgen:

1. Klinische Untersuchung
2. Psychologische Testung (z.B. mittels MMSE)[34]
3. Fremdbeurteilung durch Angehörige oder andere Bezugspersonen

Folgende Kriterien sind für eine positive Beurteilung des therapeutischen Effektes wesentlich:

1. Verbesserung oder Erhaltung der kognitiven Leistungsfähigkeit
2. Positiver Einfluss auf akzessorische[35] Symptome
3. Verbesserung oder Stabilisierung des globalen Funktionsniveaus bzw. der Aktivitäten des täglichen Lebens

[Quelle: Hampel; Padberg; Möller (Hrsg.): Alzheimer Demenz, S. 369]

Forscher finden neue Alzheimer-Risikogene

zuletzt aktualisiert: 09.04.2011 - 15:43

London (RPO). **Forscher haben in der bislang größten Erbgutstudie zur Alzheimer-Krankheit die Zahl der bekannten Risikogene verdoppelt. Bislang waren vier Erbanlagen bekannt, die das Risiko für die häufigste Demenzform steigern.**
In einer Analyse von 54.000 Menschen identifizierten Mitarbeiter von 44 US-Universitäten und Forschungseinrichtungen nun weitere vier Risikogene. Ein Fünftes ermittelte eine amerikanische-europäische Kooperation. Weltweit leiden rund 35 Millionen Menschen an der bislang unheilbaren Alzheimer-Krankheit. Genstudien sollen vor allem die noch immer rätselhaften Ursachen dieser Demenz aufklären und zudem Aufschluss darüber geben, welche Menschen besonders gefährdet sind. Die nun ermittelten Erbgutsequenzen lassen erste Schlüsse über die komplexen Zusammenhänge der Krankheit zu. Bisher war bekannt, dass die Anhäufung des Eiweißfragments Amyloid an der Erkrankung beteiligt ist. Die in der Zeitschrift "Nature Genetics" veröffentlichten Risikogene zeigen drei weitere wichtige Vorgänge: Entzündungsprozesse, der Fettstoffwechsel sowie die Aufnahme großer Moleküle in Zellen, die sogenannte Endozytose.

[Quelle: http://www.rp-online.de/gesundheit/news/Forscher-finden-neue-Alzheimer-Risikogene_aid_985729.html, 10.04.2011, 13:55]

---

[34] MMSE = Mini-Mental State Examination, Test zur Demenzerkennung
[35] *Akzessorisch* lat. hinzutretend